Inhaltsverzeichnis

Bunter und quirliger Klassiker

Der Guppy, überaus vielfältig in Farbe und Flossenform

Seit mehr als 100 Jahren werden Guppys in deutschen Aquarien gepflegt. Schon bald nach der Ersteinfuhr bemerkten die Aquarianer, dass die Männchen recht unterschiedlich aussahen. Es gab beispielsweise Exemplare mit kleinen Schwertern oder farbigen Schwanzflossen. Manche Männchen hatten einen kräftigeren Körper als die übrigen, die Färbung war stärker oder schwächer und es gab sehr verschiedene Muster. Mit den sehr farbigen und denjenigen, die besonders schöne Flossen besaßen, wurde weiter gezüchtet. Bald gab es zahlreiche Guppystämme, die heute zu den Kurz- und Schwertflossern gezählt werden.

Die erste internationale Schau der Guppyzüchter in Deutschland fand 1954 in Hannover statt. Hier nahm auch der aus Dresden stammende und in die USA ausgewanderte Guppyzüchter Paul Hähnel teil, und er brachte etwas mit, was die deutschen Aquarianer bis dahin noch nicht gesehen hatten: Guppys mit großen Schwanzflossen, die Triangelguppys. Sie waren wenige Jahre zuvor in den USA gezüchtet worden. Schnell etablierte sich dieser prächtige Guppy nicht nur in Deutschland. Besonders aus Singapur kamen in den 1960er- und 1970er-Jahren immer neue Farben und der Triangel und ähnliche großflossige Guppyvarianten wurden weltweit zu den beliebtesten Aquarienfischen.

Zuchtformen gibt es mannigfaltig, hier ein Blue-Grass-Triangelguppy.

Foto: Chris Lukhaup

Guppys sind überaus farbenprächtig und beliebt.

Foto: Chris Lukhaup

Seit den 1980er-Jahren gibt es die Europameisterschaft der Guppyzüchter, längst auch eine Deutsche Meisterschaft sowie regionale Wettbewerbe. Wer nun meint, durch hundert Jahre Zucht sei so ziemlich alles an Farben und Flossenformen bekannt, was nur möglich sei, der irrt sich. Fast jedes Jahr werden neue Varianten vorgestellt, sei es durch neue Farben oder auch durch neue, experimentelle Flossenformen.

Dabei wird aber immer darauf geachtet, dass vor allem die Schwanzflosse nicht länger als der Körper sein darf. Der Guppy soll ein vitaler und schwimmfreudiger Fisch bleiben und nicht durch seine Schwanzflosse heruntergezogen werden. Deswegen gibt es Guppys mit überlangen Flossen auf deutschen Ausstellungen nicht. Wahrscheinlich werden auch in den nächsten Jahrzehnten immer wieder spannende neue Farben und Formen zu sehen sein.

Guppys und Kinder

Für Kinder ab sechs Jahren eignen sich Guppys ganz besonders. Die bunten, quirligen Fische sind spannend zu beobachten, weil sie ständig in Bewegung sind. Bereits bei der Einrichtung kann man auf den kindlichen Geschmack Rücksicht nehmen. Auch wenn den meisten Aquarianern Spielzeug im Aquarium ein Gräuel ist, den Fischen ist es gleichgültig, und der Fachhandel hat ein großes Angebot aquarien- und artgerechter Dekorationsartikel, die besonders Kindern viel Spaß machen.

Die größte Faszination geht aber vom Lebendgebären aus. Seinen Guppynachwuchs im Aquarium vorzufinden, ist besonders für Kinder ein schönes Erfolgserlebnis. Diese dann aufzuziehen und aufwachsen zu sehen, macht großen Spaß.

Auf Ausstellungen gibt es Hunderte von Guppysätzen zu sehen.

Auch für Kinder sind Guppys spannende Beobachtungsobjekte.

Fotos: Harro Hieronimus

Anspruchslose Allesfresser

Warum Guppys gut für die Pflege im Gesellschaftsaquarium geeignet sind

Der Guppy stellt infolge seiner Genügsamkeit und Anpassungsfähigkeit an den Pfleger keine besonderen Ansprüche. Fische, die ich in typischen Schwarzgewässern gefangen hatte, erwiesen sich später im Aquarium selbst in hartem, alkalischem Wasser als problemlose Pfleglinge, die sich reichlich vermehrten.

Snakeskin-Variante des Triangelguppys.

Bereits ein Aquarium mit den Maßen 60 × 30× 30 cm und einem Inhalt von etwa 54 Litern bietet einem Dutzend Guppys ausreichend Platz. Es sollte einerseits eine stellenweise dichte Bepflanzung aufweisen, andererseits aber auch genügend freien Schwimmraum bieten. Der Boden sollte mit einer Sandschicht abgedeckt werden.

Bewährt haben sich eine lockere Schwimmpflanzendecke aus den Sprossen des Hornkrauts (*Ceratophyllum* spp.) oder einigen Polstern des Javamooses (*Vesicularia dubyana*) an der Oberfläche, in denen die Jungfische Schutz finden. Während Wildfänge nach meinen Erfahrungen selbst frischgeborenen Artgenossen nicht nachstellen – sogar auch dann nicht, wenn die Jungfische ohne irgendwelche Versteckmöglichkeiten frei an der Wasseroberfläche schwimmen –, haben sich manche Zuchtformen als kannibalisch erwiesen.

Futter und Vergesellschaftung

Guppys sind Allesfresser, die sich neben kleinen Krebsen, Insekten und deren Larven auch von Aufwuchs und Algen ernähren, die sie auf Pflanzen, Holz und Steinen finden. Wenn die Fische nicht übermäßig reichlich gefüttert werden, kann man auch im Aqua-

Der Guppy ist ein anspruchsloser Zierfisch, aber extrem vielfältig.

Fotos: Chris Lukhaup

Problemlose Pfleglinge, die sich reichlich vermehren.

Für eine Endlerzuchtform sind die Schwerter bei diesem Tier zu stark betont.

rium beobachten, wie sie ständig an Pflanzen und Dekorationsgegenständen herumpicken und dort nach Nahrung suchen. Am häufigsten gehen sie jedoch an der Wasseroberfläche auf Nahrungssuche, weshalb für Guppys länger schwimmendes Flockenfutter sinnvoller ist als rasch zum Boden absinkendes Granulatfutter.

Guppys sind gut für die Pflege in einem Gesellschaftsaquarium geeignet, das sie zusammen mit anderen kleinen Fischen bewohnen. Legt man Wert auf die Erhaltung einer bestimmten Guppyzuchtform oder einer Population von einem bestimmten Fundort, darf man diese nicht mit anderen Guppys zusammenhalten, da es dann unvermeidbar zu Kreuzungen kommt.

Paarung und Nachwuchs

Der Guppy besitzt eine Vorratsbesamung, die für mehrere Würfe reicht. Die Afterflosse der Männchen ist zu einem Begattungsorgan (Gonopodium) umgebildet worden, das bei der Paarung der Übertragung von Paketen aus miteinander verklebten Samenfäden dient. Bei der Paarung wird das gewöhnlich nach hinten gerichtete, sehr bewegliche Gonopodium nach vorn gedreht und seine Spitze in die Genitalöffnung des Weibchens eingeführt.

Die Tragzeit der Weibchen ist temperaturabhängig und beträgt bei Wassertemperaturen um 25° Celsius ungefähr vier Wochen. Trächtige Weibchen sind gut an einem schwarzen Fleck in der hinteren Körperhälfte unmittelbar vor der Afterflosse zu erkennen.

Ein Wurf besteht im Allgemeinen aus 10 bis 30 Jungfischen, die bei der Geburt in etwa einen halben Zentimeter lang und dann bereits vollkommen entwickelt und selbstständig sind. Die Zahl der Nachkommen hängt stark von Größe und Alter des Muttertiers ab.

Text: Wolfgang Staeck

Foto: Wolfgang Staeck

In einem Becken mit dichter Bepflanzung finden Jungfische guten Schutz.

Die drei Arten

Überaus vielfältig in Farbe und Flossenform

In der Mitte des 19. Jahrhunderts war man fleißig dabei, die Welt zu erkunden. Immer neue Tiere und Pflanzen wurden gesammelt, bestimmt, katalogisiert und in den Museumssammlungen aufbewahrt. So kamen in einer Sendung aus Venezuela einige kleine Fische an das Zoologische Museum in Berlin. Direktor C.W.M. Peters beschrieb im Jahre 1859 ein Weibchen als *Poecilia reticulata*, die genetzte *Poecilia*. Der Name bezieht sich auf das Netzmuster, das durch schwarze Pigmente am Rand der weiblichen Schuppen gebildet wird.

Die ebenfalls in der Sammlung befindlichen Männchen ignorierte Peters. Das führte dazu, dass Wissenschaftler an anderen Museen diese Männchen als neue Art beschrieben. Da aber immer der ältere Name Vorrang hat, blieb der Name *Poecilia reticulata* nahezu 150 Jahre für alle Guppys gültig. Seit dem Jahr 2005 wurden dann mit *P. wingei*, der allerdings aquaristisch schon deutlich länger bekannt war, und seit 2009 mit *P. obscura* zwei weitere Arten beschrieben. So gibt es derzeit drei Guppyarten.

Poecilia reticulata Peters, 1859 – Guppy

Das ursprüngliche Vorkommen des Guppys ist heute nicht mehr genau festzustellen. Bereits Ende des 19. Jahrhunderts erkannte man, dass der Guppy auch Stechmückenlarven frisst. Diese stellten damals wie heute in einigen Teilen der Welt ein großes Problem dar, weil sie Krankheiten wie Malaria, Gelb- und Denguefieber übertragen können. So setzte man Guppys gezielt erst in anderen Gebieten Südamerikas, später weltweit in vielen warmen subtropischen und tropischen Gewässern aus.

Selbst in Deutschland gibt es in einem warmen Bach im Erftkreis, der vom Kühlwasser eines Kraftwerks gewärmt wird, eine seit über 30 Jahren existierende Population. Als ursprüngliche Heimat des Guppys werden heute Venezuela, die Guyana-Staaten sowie Trinidad und vielleicht einige der vorgelagerten Inseln angegeben.

▲ Seit Längerem schon im Blickpunkt ist der Endlerguppy.

Fotos: Chris Lukhaup

◀ Wildguppymännchen haben mehrere Farben auf dem Körper und meist auch auf den Flossen.

Das Vorkommen in Trinidad steht in engem Zusammenhang mit dem nicht nur deutschen, sondern weltweit bekannten Namen „Guppy“ für diesen Fisch. Es war Reverend Guppy, der dem British Museum in London 1866 einige Tiere zukommen ließ, die der zuständige Wissenschaftler Albert C.H. Günther als *Girardinus guppyi* beschrieb. Zwar erkannte man später, dass es sich hier um Männchen der von Peters bereits beschriebenen Art handelte, aber seinen Namen hatte er weg.

Foto: Harro Hieronimus

Wildguppyweibchen hingegen sind blass und weisen nur zwischen den Schuppen das Netzmuster auf.

Diese Guppys, meist zur Unterscheidung als Wildguppys bezeichnet, haben wenig Ähnlichkeit mit dem, was wir heute in den meisten Aquarien sehen. Die Männchen erreichen knapp 25 mm, die Weibchen etwa 40 mm Gesamtlänge (gemessen von der Schnauze bis zum Schwanzflossenende). Unsere Zuchtguppys dagegen können bis zu 26 mm erreichen, die Weibchen bis über 60 mm (nun aber ohne Schwanzflosse gerechnet). Das liegt daran, dass immer mit den kräftigsten und größten Fischen weitergezüchtet wurde.

Auch bei der Färbung gibt es erhebliche Unterschiede. Einfarbige Guppys gibt es in der Natur nicht. Alle Männchen, auch wenn sie sich oberflächlich ähneln, sehen anders aus. Und wenn es nur ein kleiner Fleck an einer anderen Stelle ist. Bei den heutigen Zuchtformen ist es eines der Zuchtziele, dass die Männchen möglichst gleich aussehen.

Poecilia wingei Poeser, Kempkes & Isbrücker, 2005 – Endlerguppy

Der Endlerguppy stammt aus Venezuela. Aber die Verbreitungsgrenzen sind, wegen der großen Variabilität auch dieses Guppys, nicht genau bekannt. Er kann wie die bekannten Formen mit ihren Schwertern aussehen, aber eben auch wie normale Wildguppys. Seinen Namen erhielt dieser Guppy, weil die zuerst in größerem Maßstab aquaristisch verbreiteten Fische 1972 vom amerikanischen Verhaltensforscher John Endler in der Laguna dos Patos in Venezuela gefangen worden sind. So sind in der Bezeichnung Endlerguppy gleich zwei Personennamen enthalten.

Beschreiben können wir nur die typischen Endlerguppys mit Schwert, da die anderen Endlerguppys von normalen Wildguppys äußerlich nicht zu unterscheiden sind. Die Männchen erreichen etwa 20 mm, die Weibchen 35 mm. Bei den Zuchtformen können die Weibchen deutlich größer sein. Das rührt daher, dass diese Varianten auf einer Kreuzung mit normalen Zuchtguppys (*P. reticulata*) beruhten, mit der sich die Art gut kreuzen lässt.

Poecilia obscura Schories, Meyer & Schartl, 2009 – Oropuche-Guppy

Bislang ist *P. obscura* nur aus einigen Flüssen und Bächen bekannt, die zum Flusssystem des Oropuche (auch: Oropouche) auf Trinidad gehören. Es wurde dort eine genetisch vom normalen Guppy so stark abweichende Form gefunden, dass die Beschreibung als neue Art berechtigt war.

Exemplare des Oropuche-Guppys sind ohne genaue Kenntnis über ihre Herkunft nicht eindeutig zuzuordnen. Denn äußerlich sind sie von normalen Wildguppys, wie sie auf Trinidad durchaus weit verbreitet vorkommen, nicht zu unterscheiden. Auch bei ihnen gibt es sehr variable Farben und auf den Flossen können ebenfalls Zeichnungselemente wie etwa ein Schwertansatz sein.

Auch die Männchen des Endlerguppys sind in Farbe und Beflossung variabel.

Foto: Harro Hieronimus

Erst seit 2009 bekannt ist der Oropuche-Guppy.

Kleiner Bach im Einzugsgebiet des Demerara River in Guyana.

Jedes Habitat ist völlig anders

Die Wildformen des Guppy – von Weiß- über Klar- bis hin zu Schwarzwasser

Als Aquarienfisch wird die Art in Deutschland seit über 100 Jahren gepflegt, denn als Datum des ersten Imports ist das Jahr 1908 in der Literatur dokumentiert. Typusfundort des heute kosmopolitischen Guppys ist der Rio Guayre in der Nähe von Caracas in Venezuela. Seine ursprüngliche natürliche Verbreitung erstreckt sich im nordöstlichen Südamerika insbesondere über das Gebiet zwischen den Mündungen des Rio Orinoco und des Essequibo River, also über Teile Venezuelas, der Guyanaländer und des unmittelbar angrenzenden nordöstlichen Brasiliens sowie über Trinidad, Tobago und einige weitere kleinere karibische Inseln.

Fundort am Caño Cocuina im Einzugsgebiet des Rio Orinoco.

Färbung äußerst variabel

In den Wildpopulationen ist das Farbkleid der recht bunten Männchen so variabel, dass man kaum Individuen findet, die sich völlig gleichen. Die Verteilung und das Verhältnis von pastellfarbenen grünen, bläulichen, orangefarbenen oder violetten Bereichen sowie schwarzen Zeichnungen auf dem Körper sind jedoch innerhalb einer Population relativ einheitlich. Männchen verschiedener Fundorte können sich dagegen deutlich unterscheiden.

Weibliche Exemplare vom Guppy sehen ausnahmslos unscheinbar grau bis hell olivfarben aus, ein deutlicher Sexualdichromatismus. Nach meinen Beobachtungen erreichen die Männchen in der Natur nur eine maximale Gesamtlänge von knapp drei und die Weibchen von knapp fünf Zentimetern.

Im Unterschied zu den im Zoohandel verbreiteten Zuchtformen sind insbesondere die Männchen der Guppy-Wildform erheblich vitaler und zeigen viel öf-

Der Coropina Kreek im Einzugsgebiet des Suriname Rivier in Surinam.

Ein Wildguppy aus dem Caño Cocuina im Einzugsgebiet des Rio Orinoco in Venezuela.

ter ihr reichhaltiges Verhaltensrepertoire. Sie sind lebhafter, aktiver, reagieren sofort auf Bewegungen vor dem Aquarium und beantworten Störungen mit Schwarmbildung und rascher Flucht in Versteckplätze. Sowohl die Männchen, die beinahe ständig vor den Weibchen ihre temperamentvollen Balztänze zeigen, als auch die Weibchen verteidigen zeitweilig bestimmte Territorien, insbesondere gegen gleichgeschlechtliche Artgenossen.

Ökologie und Habitate

Im Folgenden werden die Lebensbedingungen in vier Fundorten vom Guppy beschrieben: Der Caño Cocuina im Einzugsgebiet des Rio Orinoco in Venezuela liegt etwa 30 Kilometer nördlich der Stadt Tucupita. Der recht breite Fluss hatte stark trübes, braunrotes Wasser, das sehr warm, weich und sauer war (Luft 32 °C, Wasser 30 °C, pH-Wert 6,2, elektrische Leitfähigkeit 30 μS/cm, GH <1 °dH, KH <1 °dH). Die Guppys hielten sich in kleinen Schwärmen im ufernahen Flachwasserbereich dicht unter der Oberfläche auf. Weitere dort nachgewiesene Fische waren eine *Crenicichla*- und eine *Rivulus*-Art.

Ein gut einen Meter breiter klarer Bach am Rand der Stadt Linden im Einzugsgebiet des Demerara River in Guyana hatte einen maximalen Wasserstand von 30 Zentimetern (Wasser 25 °C, pH-Wert 6,8, Leitfähigkeit 190 μS/cm, GH 1 °dH, KH 2 °dH). Die Guppys waren an diesem Fundort die einzigen Fische und lebten dort in einer erstaunlichen Populationsdichte.

Ein Bach im Primärurwald nördlich der Stadt Bartica im Einzugsgebiet des Essequibo River in Guyana besaß eine Tiefe von einem halben Meter und führte kühles, sehr weiches und saures Wasser (Luft 27 °C, Wasser 24 °C, pH-Wert 6,3, Leitfähigkeit 10 μS/cm, GH <1 °dH, KH <1 °dH). Sein Grund war mit einer Falllaubschicht bedeckt. Guppys traten dort nur in geringer Zahl auf. Weitere Fische dieses Gewässers waren Messerfische, verschiedene Salmler, zwei *Rivulus*-Arten, ein Fähnchenwels aus der Gattung *Helogenes* und der Zweipunkt-Buntbarsch *Cichlasoma bimaculatum*.

Der Coropina Kreek am Rande des Dorfes Republiek im Einzugsgebiet des Suriname Rivier in Surinam hatte klares, dunkelbraunes, sehr saures und weiches Schwarzwasser (Luft 28 °C, Wasser 26 °C, pH-Wert 4,6, Leitfähigkeit 20 μS/cm, GH <1 °dH, KH <1 °dH). Das Gewässer war auch in der unmittelbaren Nähe des Ufers bereits einen knappen Meter tief. Die Guppys waren selten und schwammen in kleinen Schwärmen von etwa zehn Individuen im ufernahen Bereich unmittelbar unter der Wasseroberfläche. Zur Begleitfauna zählten dort der Buntbarsch *Cleithracara maronii* und eine nicht identifizierte *Krobia*-Art.

Die beschriebenen Ergebnisse aus den Habitaten von Guppys zeigen, dass sie in ihren natürlichen Verbreitungsgebieten im Weiß-, Klar- und Schwarzwasser leben, aber Lebensräume mit saurem und weichem Wasser bevorzugen. Die von Aquarianern, aber auch von Tierärzten (Fröhlich 1995, Fröhlich & Rietze 1995) publizierte Behauptung, eine artgemäße Pflege des Guppys sei nur in hartem, alkalischem Wasser möglich, und pH-Werte von 7,0-8,5 und eine Gesamthärte von 12-25° dGH seien verbindliche Grenzwerte für seine sachgerechte Haltung, ist folglich falsch.

Text & Fotos: Wolfgang Staeck

Ein Guppy-Fundort im Primärurwald im Einzugsgebiet des Essequibo River in Guyana.

Blick auf die Laguna de los Patos,
in der John Endler seine *P. wingei* fing.

Guppyaquarien können ganz nach Geschmack eingerichtet werden.

Foto: Harro Hieronimus

Das Guppyaquarium

Größe, nötige Technik, Bepflanzung und Bodengrund

Guppys gehören zu den relativ kleinen Aquarienfischen, trotzdem darf uns das nicht dazu verleiten, ihnen zu wenig Wasser zur Verfügung zu stellen. Auch das „Gutachten über Mindestanforderungen an die Haltung von Zierfischen (Süßwasser)" des Bundesministeriums für Ernährung, Landwirtschaft und Verbraucherschutz sieht für Guppys eine Mindestaquariengröße von 60 cm (entsprechend 54 Liter) vor.

Guppys sind bewegungsfreudige Fische, die unentwegt alle Regionen des Aquariums erkunden. Sie scheinen immer Hunger zu haben und picken mal hier und mal da. Natürlich spielt auch die Balz eine Rolle, denn die Männchen stellen den Weibchen häufig nach. Außerdem wirft ein gesundes und gut ernährtes Guppyweibchen etwa alle vier Wochen teils über 50 Jungtiere. Selbst ein größeres Aquarium kann so sehr schnell überfüllt sein.

Mit der richtigen Beleuchtung wachsen auch die Pflanzen gut. ▼

Foto: Harro Hieronimus

Auch luftbetriebene Filter sind eine Möglichkeit. ▼

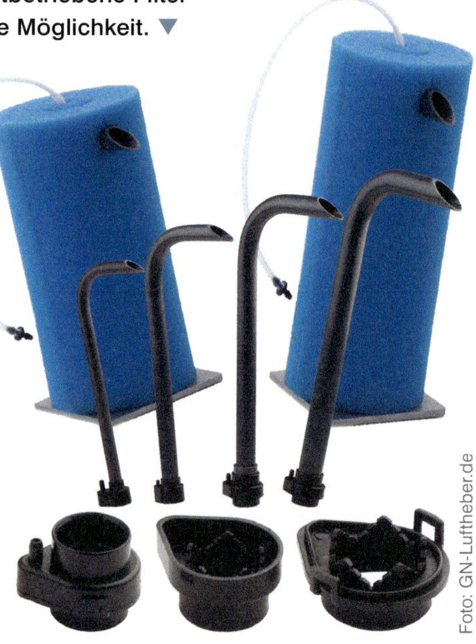

Foto: GN-Luftheber.de

Als tropische Fische benötigen Guppys geregelte Temperaturen. ▼ ▶

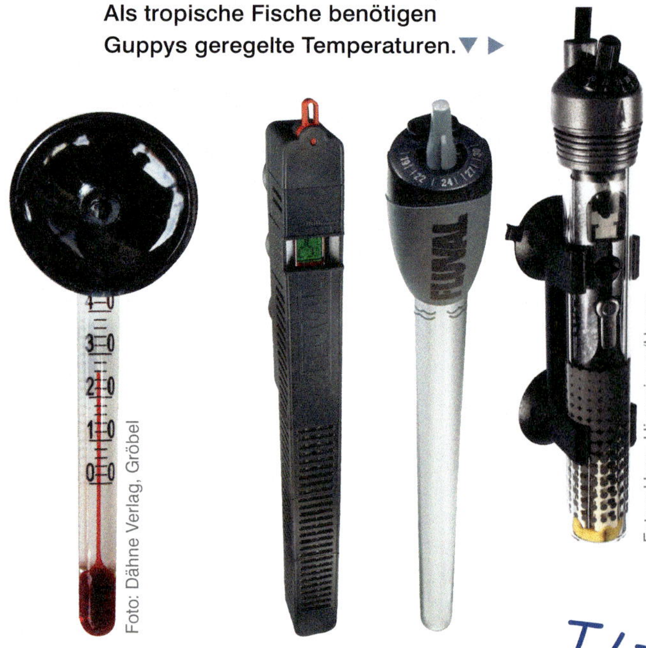

Foto: Dähne Verlag, Gröbel

Fotos: Harro Hieronimus/Hagen

TIPP

Zu heiß oder kalt darf das Wasser nicht werden.

Ein Thermometer zur ständigen Kontrolle ist unerlässlich. Es sollte gut sichtbar im Vordergrund angebracht werden.

Die Form des Aquariums spielt auch eine Rolle. Hohe, schmale Aquarien sind ungünstig, denn in ihnen sind der Gasaustausch mit der Wasseroberfläche und die Durchmischung der Wasserschichten erschwert. Das kann zu einem zu geringen Sauerstoffgehalt in den unteren Aquarienregionen führen und so können lebensfeindliche Bereiche entstehen, die das Volumen des Aquariums deutlich verkleinern. Deswegen sollen Höhe und Tiefe mindestens ein Drittel der Breite, die Höhe nicht mehr als die Hälfte der Breite betragen. Nur in Aquarien über 200 Liter Inhalt mit entsprechender Technik spielt dies keine Rolle mehr. Große Würfelaquarien sind deshalb auch gut geeignet.

Guppys gelten oft als Anfängerfische und werden deswegen auch gerne in den preiswerten Komplettsets gepflegt. Diese werden nicht nur in den Standardgrößen 60, 80 und 100 cm angeboten, sondern immer öfter und teilweise sehr dekorativ auch in anderen Formen und Größen.

Grundsätzlich gibt es keinerlei Einwände gegen die Verwendung von Komplettsets. Gerade bei den besonders preiswerten Sets sollte man aber beachten, dass die Beleuchtung oft zu schwach für empfindliche Pflanzen ist. Deswegen ge-

Pflanzen haben eine wichtige Funktion als Versteck und bei der Wasserreinhaltung – neben ihrem dekorativen Wert. ▶

Foto: Harro Hieronimus

In hartem Wasser für Guppys können alle ungiftigen Steine verwendet werden, sogar Kalkgestein.

hören hier vor allem wenig lichthungrige und eher anspruchslose Pflanzen hinein.

Außerdem ist der Filter fast immer nur für einen schwachen Besatz ausgelegt. Richte Dich also beim Kauf eines sehr preisgünstigen Sets darauf ein, Dich neben der Fischgröße auch in der Fischzahl stark zu beschränken oder kalkuliere gleich den Kauf eines stärkeren Filters mit ein.

In den etwas kostspieligeren Komplettsets findet sich fast immer ein stärkerer Filter und auch eine angemessenere Beleuchtung. Lass Dich im Fachgeschäft beraten, was für Deine Zwecke am besten ist und womit Du die meiste Freude haben wirst.

TIPP

Kaufe immer einen möglichst großen Filter bzw. entscheide Dich für den größeren Filter, wenn Du die Auswahl zwischen zwei Typen hast. Natürlich darf die Pumpenleistung nicht zu klein sein.

In einem größeren Filter können verschiedene Medien zum Einsatz kommen.

Foto: Eheim

Heizung

Guppys kommen ursprünglich aus den Tropen, sind allerdings heute auch in zahlreichen subtropischen Gebieten beheimatet. Dort finden sie häufig, zum Beispiel während der etwas kühleren Jahreszeit, keine optimalen Bedingungen und überleben eben, aber ohne sich fortzupflanzen. Damit sie sich wohlfühlen, brauchen sie schon tropische Temperaturen, allerdings reichen 23 bis 25 °C für ihr Wohlbefinden aus.

Vertragen wird sicherlich auch einmal eine nicht zu lange Abkühlung auf etwa 20 °C, nach oben bereiten auch 30 °C noch keine Probleme, solange durch eine entsprechende Belüftung und Filterung ein ausreichender Sauerstoffgehalt vorhanden ist.

In einem normalen Wohnraum braucht die Stärke der Heizung nur etwa 1 Watt pro Liter Aquarienwasser zu betragen. Jungfische bis etwa 2 cm Länge bevorzugen wärmere Temperaturen. Mit 26 bis 28 °C erreicht man hier ein besseres und schnelleres Wachstum sowie kräftigere Farben.

Unter Guppyfreunden besonders beliebt ist das Nixkraut. ▶

Foto: Harro Hieronimus

Filterung

Eine Filterung dient verschiedenen Zwecken: Sie soll mechanisch Schmutzstoffe wie Mulm oder Futterreste aus dem Wasser ausfiltern. Wie auch die Stoffwechselprodukte der Fische werden sie im Filter mithilfe nützlicher Bakterien biologisch verändert. Diese brauchen allerdings viel Sau-

An Holz sollten härtere Wurzelarten wie Mopani verwendet werden. ▼

Foto: Dähne Verlag, Gröbel

Das Hornkraut ist eine Pflanze, die am besten frei treibend gedeiht.

Javamoos kann gut auf Steine oder Wurzeln aufgebunden werden.

erstoff, um gut arbeiten zu können, und sie müssen in ausreichender Menge vorhanden sein. Hier kommt die Größe des Filters ins Spiel, denn je mehr Filtermaterial wir einbringen können, desto besser ist die biologische Reinigungsleistung.

Man beginnt mit einer Schicht einfachen Filtermaterials, etwa Filterwatte, die den Grobschmutz zurückhalten soll. Dann folgt ein feinporiges Medium, in dem sich die Bakterien gut ansiedeln können. Je mehr davon vorhanden ist, desto mehr Schadstoffe können abgebaut werden. Welches Filtermaterial Du verwendest, ist letztendlich Deine Entscheidung. Häufig wird Schaumstoff eingesetzt, den es in grob- bis feinporigen Varianten gibt. Aber auch andere Materialien wie geschäumtes Glas und Ähnliches sind sehr wirkungsvoll. Ist der Filter ausreichend groß, sollten mehrere Filtermaterialien kombiniert werden, um eine möglichst optimale Wirkung zu erreichen.

Wichtig ist, dass der Filter immer von ausreichend viel Wasser durchströmt ist, nur dann gelangt genug Sauerstoff zum Filtermaterial und die nützlichen Bakterien können ihre Arbeit erledigen. Diese „Arbeit" besteht vor allem darin, aus den schädlichen Stickstoffverbindungen aus Urin, Kot, Futter- und Pflanzenresten unschädliche Nitratverbindungen zu produzieren. Diesen Vorgang nennt man Stickstoffkreislauf und je reibungsloser er abläuft, desto wohler fühlen sich die Fische. Filter müssen übrigens keineswegs elektrisch betrieben sein, es gibt auch sehr wirkungsvolle luftbetriebene Varianten, etwa den „Hamburger Mattenfilter".

Beleuchtung

Guppys brauchen nicht besonders viel Licht. Damit sich aber im Wasser Pflanzen und die notwendige Mikrofauna entwickeln – dazu gehören auch einige Algen, an denen die Guppys gerne knabbern –, ist eine ausreichende Beleuchtung notwendig. Für nicht so lichthungrige Pflanzen reicht schon weniger als ein halbes Watt pro Liter, schwieriger zu pflegende, lichthungrige Pflanzen benötigen aber auch gerne mal ein Watt pro Liter oder sogar mehr.

Zur Verwendung kommen heute neben den bekannten Leuchtstoffröhren auch immer mehr LED-Beleuchtungen. Wichtiger als der Typ der Beleuchtung ist die Farbtemperatur, die möglichst dem Tageslicht ähneln soll (5.000 bis 6.500 Kelvin), damit die Pflanzen gut wachsen. Die Farben, vor allem die Rotanteile der Guppys, wirken aber oft besser unter rötlichem oder sogar gelblichem Licht (2.500 bis 4.000 Kelvin). Hat man die Möglichkeit, mehrere Lampen zu kombinieren, sollte man dies tun, um ein recht breites Spektrum abzudecken.

Bepflanzung

Wie erwähnt, hängt es von der Beleuchtung ab, welche Pflanzen wir verwenden können. Die Auswahl ist groß. Grundsätzlich unterscheidet man zwischen Stängel- und Rosettenpflanzen. Die Erfahrung zeigt, dass die Rosettenpflanzen, wie zum Beispiel Cryptocorynen, sich besser eignen als Stängelpflanzen, die gerne am Boden abfaulen und sich schlecht halten.

Zum Schutz der Jungfische sind besonders Schwimmpflanzen geeignet, und hier die schwimmenden Stängelpflanzen. Unter Guppyfreunden besonders beliebt ist das Nixkraut, *Najas guadalupensis*. Bewährt hat sich aber auch das Rotstängelige Hornkraut, eine Variante von *Ceratophyllum demersum*, im Handel meist *Ceratophyllum* spec. genannt. Auch Javamoos, *Taxiphyllum barbieri*, bildet ausrei-

Mit Steinen kann bedenkenlos im Guppybecken dekoriert werden. ▶

Foto: Harro Hieronimus

chend dichte Bestände, damit sich bedrängte Weibchen einmal etwas ausruhen können. Für Jungfische ist es weniger geeignet, da diese sich gerne in Oberflächennähe aufhalten. Da kommt eher der Sumatrafarn, *Ceratopteris thalictroides*, infrage.

Bodengrund und Dekoration

In Zuchtaquarien wird gerne auf Bodengrund verzichtet, weil sich beim Wasserwechsel der Schmutz besser absaugen lässt. Durch die so erhöhte Hygiene wachsen die Fische besser und sind weniger anfällig gegen Krankheiten. Im normalen Aquarium dagegen ist Bodengrund nicht nur aus optischen Gründen sinnvoll. Er gibt den Fischen ein sicheres Gefühl und dient den Pflanzen zur Verankerung.

Wenn Dir Steine als Dekoration gefallen, so kannst Du eigentlich alles verwenden, was Dir zusagt, solange es sauber ist und keine Giftstoffe enthält. Da Guppys hartes Wasser bevorzugen, kann problemlos selbst Kalkgestein benutzt werden. Im Aquarienfachhandel findest Du ein vielseitiges Angebot verwendbarer Steine.

Etwas schwieriger ist es mit Wurzeln, denn einige geben größere Mengen von Gerbstoffen ab, färben das Wasser gelb und enthärten es auch. Wenn Du Wurzeln einsetzen möchtest, solltest Du Dich für härtere Hölzer wie Savannenholz oder Mopani und nicht für Moorhölzer entscheiden, weil sie weniger Stoffe ans Wasser abgeben, die mit dem regelmäßigen Wasserwechsel auch noch ausreichend verdünnt werden.

Im Fachhandel werden auch viele Dekorationsgegenstände aus Kunststoff angeboten. Hier kannst Du einfach Deinem Geschmack folgen. Achte nur darauf, dass die Gegenstände ausdrücklich für Aquarien geeignet sind und keine für Fische gefährlichen Stoffe abgeben. Kunststoffgegenstände, die sich verändern, etwa weich werden, sollten sofort entfernt werden.

TIPP

Verwende kein Aquarium unter 54 Liter Inhalt.

Guppys sind schwimm- und vermehrungsfreudige Fische, die sich in zu kleinen Becken nicht wohlfühlen.

Für Jungfische kommt eher Sumatrafarn infrage. ▼

Foto: Harro Hieronimus

Fast jedes Wasser ist möglich

Guppys können sich anpassen – Einsetzen und Quarantäne

Einer der Gründe für die große Beliebtheit von Guppys liegt in ihrer Anpassungsfähigkeit. Sie gehören zu den wenigen Fischarten, die mit nahezu allen Wasserwerten zurechtkommen. Und dabei ist keineswegs nur das Süßwasser gemeint. Als sogenannter euryhaliner Fisch können sie vom Süß- ins Salzwasser schwimmen und umgekehrt. So gelang dem Guppy wahrscheinlich die Verbreitung vom südamerikanischen Festland auf einige der vorgelagerten Inseln.

Allerdings brauchen Guppys immer eine gewisse Zeit, um sich an neue Wasserverhältnisse anzupassen. Schnelle Änderungen der Wasserqualität, selbst wenn es Verbesserungen sind, vertragen sie nicht. Deswegen müssen alle Veränderungen langsam erfolgen.

Die Praxis hat allerdings gezeigt, dass die Pflege in mittelhartem Wasser mit einem pH-Wert leicht über 7 am besten für den Guppy ist.

Der wichtigste Faktor für die Stabilität der Wasserwerte in Ihrem Aquarium ist die Karbonathärte. Sie dient als Puffer, der den pH-Wert stabil hält. Bei einer Karbonathärte unter 4° dKH (deutscher Karbonathärte) kann es relativ schnell zu einem Säuresturz kommen. Deswegen sollte die Karbonathärte immer darüber liegen. Sie können den Wert sehr einfach und genau durch die handelsüblichen Tropftests ermitteln. Bei einem zu geringen Wert kann ein Wasserwechsel (Auskunft über die Werte beim örtlichen Wasserwerk oder durch Tropftest ermitteln) oder ein Zufügen von Mitteln aus dem Fachhandel sehr schnell für Abhilfe sorgen. In den meisten Gegenden Deutschlands sind

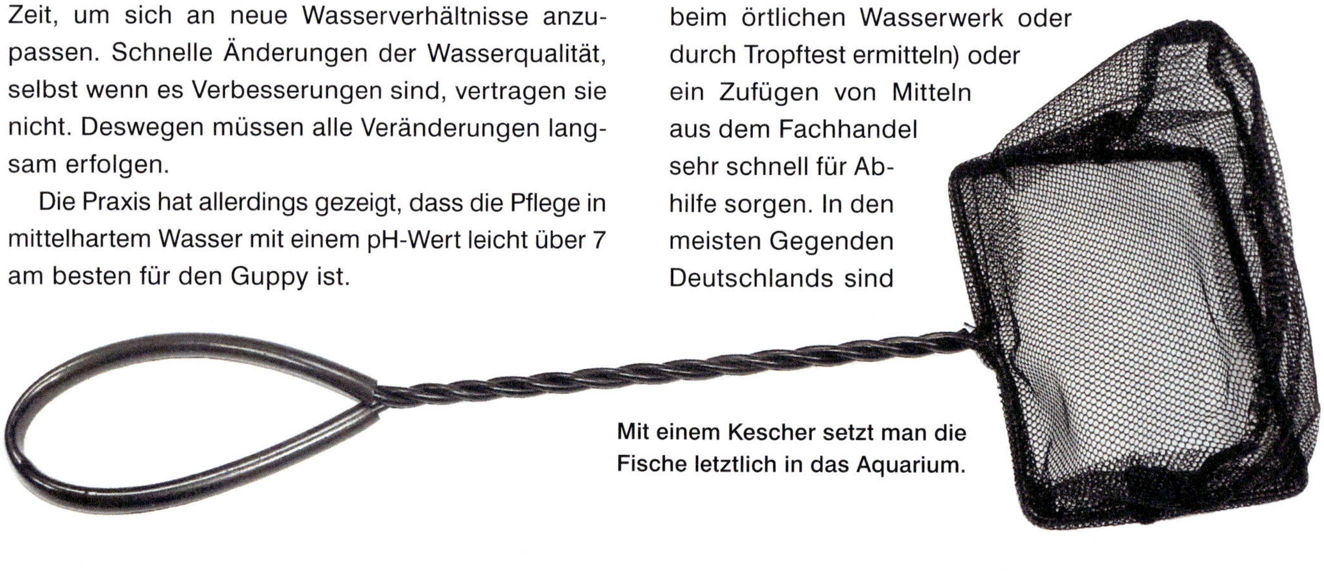

Mit einem Kescher setzt man die Fische letztlich in das Aquarium.

Foto: Dähne Verlag, Gröbel

pH-Wert und Karbonathärte des Leitungswassers so hoch, dass es problemlos und ohne viele Messungen für die Pflege von Guppys benutzt werden kann.

Tipp:

In stark besetzten Aquarien ist es sinnvoller, einmal wöchentlich eine kleinere Menge Wasser zu wechseln (vielleicht 30 Prozent), als alle zwei Wochen einen großen Wechsel von 50 Prozent oder mehr vorzunehmen.

Foto: Harro Hieronimus

Ein Quarantänebecken benötigt nur etwas Bodengrund, Pflanzen und einen Filter.

Einsetzen nach dem Kauf

Um neuen Fischen keinen unnötigen Stress zu bereiten, sollte das Einsetzen möglichst schonend geschehen. Dazu lässt man den Transportbeutel erst einmal eine halbe Stunde zum Temperaturausgleich im vorgesehenen Aquarium schwimmen. Dann gibt man mit einem Schnapsglas alle fünf Minuten Wasser aus dem Aquarium in den Beutel, bis der Inhalt zur Hälfte verdünnt ist. Danach gießt man den Beutelinhalt durch einen Kescher in ein Waschbecken oder einen Eimer und setzt die Fische sofort ins Aquarium ein.

Zur Sicherheit: Quarantäne

Um sicherzugehen, mit neu erworbenen Fischen keine Krankheiten in ein bereits laufendes Aquarium einzuschleppen, sollte grundsätzlich eine Quarantäne durchgeführt werden. Ein kleines Aquarium, für Guppys etwa ab 30 Litern, wird zur Hälfte mit Wasser aus dem späteren Haltungsaquarium und zur Hälfte mit Leitungswasser gefüllt. Als Einrichtung reichen eine Belüftung, Heizung, etwas Bodengrund und einige Pflanzen (können auch in Töpfen sein). Hier verbleiben die Fische für mindestens drei Wochen, werden gut gefüttert, ein Wasserwechsel von 30 bis 50 Prozent sollte wöchentlich durchgeführt werden. Sind im Gesellschaftsaquarium bereits Guppys, wird einer von ihnen ins Quarantänebecken zu den neuen Tieren gesetzt. Denn auch im Gesellschaftsaquarium könnten latent Krankheiten vorhanden sein, die dann zu Unrecht den Neuzugängen zugeschrieben werden.

Foto: Harro Hieronimus

Der Temperaturangleich nach dem Kauf ist nicht schwer, aber wichtig.

Guppys und andere Fische

Mit diesen anderen Arten kannst Du Deine Pfleglinge im Gesellschaftsaquarium zusammen halten

Guppys sind friedliche Aquarienfische, die nur mit anderen friedliebenden Fischen vergesellschaftet werden sollten. Als Bewohner der mittleren und oberen Wasserschichten kommen natürlich besonders Bodenbewohner wie Panzerwelse (*Corydoras* spp.), infrage. Aber auch Antennenwelse der Gattung *Ancistrus*, die das Aquarium von Algen und Futterresten befreien, sind geeignet.

Die Mitbewohner dürfen auch nicht zu groß sein, da sich die Guppys sonst scheu und verstecktlebend zeigen. Skalare sind deswegen nur mäßig geeignet, andere größere Buntbarsche gar nicht.

Bei den Barben und Salmlern gibt es viele geeignete Mitbewohner. Achte aber darauf, Nachzuchten zu erwerben, diese können meist wie die Guppys in normalem Leitungswasser gepflegt werden. Hüten musst Du Dich allerdings vor flossenzupfenden Fischen. Allen voran ist da die Sumatrabarbe zu nennen, *Barbus* cf. *anchisporus* (vormals *B. tetrazona*). Sie verfolgt die Männchen gnadenlos und rupft ihnen geradezu die Schwanzflosse ab.

Kleinere Killifische (Eierlegende Zahnkarpfen) gehen auch, allerdings handelt es sich hier um Räuber, welche die Jungfischschar dezimieren.

Sterbas Panzerwels *Corydoras sterbai*

Der bis 6 cm lange Wels lebt gerne in einer Gruppe von mindestens fünf Tieren in bodennahen Bereichen. Wie alle Panzerwelse ist er friedlich. Er kommt mit allen Wasserwerten und Temperaturen des Zimmeraquariums zurecht. Panzerwelse fressen das Gleiche wie Guppys – nur darauf achten, dass genug am Boden ankommt.

Foto: Chris Lukhaup

Sterbas Panzerwels

Platy

Foto: Harro Hieronimus

Prachtbarbe

Gestreifter Schneckenbuntbarsch

Zwergfadenfisch

Fotos: Harro Hieronimus

Prachtbarbe *Barbus conchonius*

Die Prachtbarbe kommt mit allen Wasserwerten und Temperaturen zurecht. Neben dem normalen Futter frisst sie auch Algen, sogar Pinselalgen. Mit etwa 6 cm Länge passt sie in Aquarien ab 60 cm. Mindestens drei Exemplare sollten es aber sein. Auch andere, klein bleibende Barben eignen sich als Gesellschaft für Guppys.

Zitronensalmler *Hyphessobrycon pulchripinnis*

Während Wildfänge lieber saures Wasser mögen, kommen die Nachzuchten, die hauptsächlich im Handel sind, auch gut mit Leitungswasser zurecht. Bezüglich Temperaturansprüchen und Futter passen sie ebenfalls gut zu Guppys. Nachzuchten auch anderer Salmler können mit Guppys gepflegt werden.

Zwergfadenfisch *Trichogaster lalius*

Das bunte Männchen ist gut vom blasseren Weibchen zu unterscheiden. Als Schaumnestbauer hält es sich gerne dicht unter der Wasseroberfläche auf. Die Temperatur sollte bei 24 °C liegen. Ein Pärchen passt gut zu Guppys. Diese bedächtigen Schwimmer vertragen das gleiche Futter, nur keine Roten Mückenlarven.

Platy *Xiphophorus maculatus*

Platys gehören ebenfalls zu den Lebendgebärenden Zahnkarpfen. Es gibt sie in vielen Farben, besonders beliebt sind Korallenplatys. Bezüglich Futter und Wasser haben sie die gleichen Ansprüche wie Guppys. Eine Gruppe sollte aus mindestens einem Pärchen bestehen, es dürfen auch mehr Männchen sein.

Gestreifter Schneckenbuntbarsch *Neolamprologus multifasciatus*

Da diese bis etwa 6 cm groß werdenden Zwergbuntbarsche nur den Boden bewohnen, kommen sie gut mit Guppys zurecht. Sie benötigen hartes, alkalisches Wasser – wie Guppys. Lebendfuttergaben nicht vergessen. Es müssen einige Schneckenhäuser platziert werden

Foto: Harro Hieronimus

Zitronensalmler

Miteinander vergesellschaftete Fische sollten annähernd gleich sein, wie etwa Guppys und Platys.

Foto: Dähne Verlag, Gröbel

Mückenvertilger im Einsatz

Guppys sind Allesfresser, die vielfältig ernährt werden sollten

In der Natur sind Guppys Allesfresser und Nahrungsopportunisten. Das bedeutet, dass sie fressen, was da ist und was sie bewältigen können. Das reicht von Mulm über Algen bis hin zu Mückenlarven und manchmal auch Jungfischen der eigenen oder anderer Arten. Dabei bevorzugen sie durchaus Lebendfutter, was auch ihren Einsatz zur Mückenbekämpfung erklärt.

Foto: Harro Hieronimus

Artemia-Nauplien kann man leicht selbst züchten.

Gelegentlich wird der Guppy im Fachhandel auch als Algenfresser verkauft. Zwar frisst er die auch, wenn er nichts anderes bekommt, ihn deswegen aber gleich als Algenfresser zu bezeichnen, ist verkehrt. Erwachsene und junge Guppys brauchen unterschiedliches Futter: Denn in der Wachstumsphase wird besonders viel Energie gebraucht, während die Fische später nicht verfetten sollen.

Futter für Halbwüchsige und Erwachsene

Grundlage der Ernährung ist ein gutes Flockenfutter, das es auch speziell für Guppys gibt. Auch andere Flockennahrung mit einem geeigneten Nährstoffverhältnis kann verfüttert werden. Der Proteingehalt soll etwa vier- bis siebenmal so hoch sein wie der Fettgehalt. Dadurch wird die Wasserbelastung reduziert, ohne dass die Guppys zu viele Nährstoffe aufnehmen.

Guppys können – wie andere Fische auch – Protein (Eiweiße) nur verdauen, wenn ausreichend Fette vorhanden sind. Diese sollten viele ungesättigte

Vorsicht!

Rote Mückenlarven enthalten einen Blutfarbstoff, der unserem sehr ähnlich ist. Der Hautkontakt kann zu heftigen allergischen Reaktionen wie Jucken, Bläschen oder Schleimhautschwellungen führen. Auch gefriergetrocknete Rote Mückenlarven können diese Reaktionen bis hin zu Atembeschwerden auslösen. Bei Verdacht sind Rote Mückenlarven zu vermeiden.

◀ Mittlerweile gibt es im Fachhandel sogar spezielles Guppyfutter.

Rote Mückenlarven verschmäht ein Guppy keinesfalls. ▼

Foto: Chris Lukhaup

Fettsäuren enthalten, wie etwa Fischöl. Das Verhältnis darf bis zu 3:1 betragen, also etwa 15 % Fettgehalt bei 45 % Protein. So ein Futter kann exzellent verwertet werden, belastet das Wasser kaum, hat aber einen hohen Nährwert.

Wichtig ist auch die Futterfrequenz: Erwachsene sollten nur einmal täglich so viel Futter bekommen, wie sie innerhalb von zwei Minuten fressen können. Bei Halbwüchsigen darf zweimal täglich gefüttert werden. Je hochwertiger und fetthaltiger das Futter ist, umso weniger braucht gefüttert zu werden.

Neben dem Flockenfutter sollte der Speiseplan immer wieder durch andere Futtermittel ergänzt werden. Hier kommen in erster Linie Frost- und Lebendfutter infrage, wie sie heute in jedem Aquaristikfachgeschäft angeboten werden oder mancherorts auch noch selbst gefangen werden können. Besonders bevorzugt werden Rote, Schwarze und Weiße Mückenlarven, aber auch Wasserflöhe und *Tubifex* werden gerne genommen.

Futter für Jungfische

Zwar lassen sich Jungfische auch mit fein geriebenem Flockenfutter aufziehen, ihr Wachstum und die Farb- und Flossenausbildung sind dann aber nicht optimal. Deswegen füttern erfahrene Guppyzüchter in den ersten Lebenswochen andere Futtersorten. Ideal wäre natürlich fein ausgesiebtes Tümpelfutter. Aber da das kaum zu bekommen ist, weichen die meisten Guppyzüchter auf *Artemia*-Nauplien aus.

Jungfische brauchen häufiger Futter als Erwachsene. Auch darf bei ihnen der Fettanteil, wie bei allen noch im Wachstum befindlichen Fischen, deutlich höher sein als bei Erwachsenen, weil sie ihn verwerten und in Wachstum umsetzen. Sie dürfen bis zu sechsmal täglich gefüttert werden. Das führt aber auch bei bestem Futter zu einer höheren Wasserbelastung, weshalb hier häufiger Teilwasserwechsel durchgeführt werden müssen. Die Fische danken es mit besserem Wachstum und schöneren Farben und Flossen.

Nach zwei Wochen kann bei Jungguppys damit begonnen werden, feines Flockenfutter zuzufüttern. Der Anteil kann bis zu den für die Erwachsenen idealen 50 % am Gesamtfutter gesteigert werden.

Tipp:

Artemia-Eier sind nicht in jedem Geschäft erhältlich. Wenn Du eine große Dose erwirbst, tu Dich mit anderen Züchtern zusammen und teile sie auf oder portioniere den Doseninhalt in kleine, dicht schließende Gläschen und friere diese ein, bis sie gebraucht werden.

Foto: Harro Hieronimus

Jungtiere wie dieses wenige Tage alte Exemplar benötigen anderes Futter als ausgewachsene.

Auch bei dem Weibchen dieses Endler-Pärchens sieht man deutlich den Trächtigkeitsfleck.

Wilde Balzer und krumme Rücken

Biologie und die besondere Fortpflanzung der Lebendgebärenden Zahnkarpfen

Guppys gehören zu den Lebendgebärenden Zahnkarpfen, wissenschaftlich Poeciliidae. Das macht auf eine Besonderheit bei ihrer Vermehrung aufmerksam: Denn sie legen nicht, wie die meisten Fische, Eier, sondern die Jungen entwickeln sich in den Eiern und schlüpfen erst im Moment der Geburt. Sie schwimmen sofort frei.

Voraussetzung für das Lebendgebären ist eine innere Befruchtung der Weibchen. Dazu haben die Männchen eine Besonderheit entwickelt, das Gonopodium. Im Alter von oft nur wenigen Wochen fängt bei den Männchen die Umwandlung der Afterflosse an. Zuerst wird der vordere Teil der Afterflosse trüb, dann verdicken sich die Strahlen drei bis fünf und es entwickelt sich das Begattungsorgan, das Gonopodium.

Die Spermien können für spätere Befruchtungen gespeichert werden. So kann ein Weibchen nach einer einzigen erfolgreichen Befruchtung mehrere Male werfen. Das nennt man Vorratsbefruchtung. Diese hat dazu geführt, dass Guppys in der Natur so erfolgreich sind, denn ein einziges befruchtetes Guppyweibchen kann Ausgangspunkt einer großen Population sein.

Auch bei den jungen Weibchen ist das Geschlecht an einer Änderung zu erkennen. Bei erwachsenen

Weibchen ist im Afterbereich ein dunkler Fleck sichtbar, der Trächtigkeitsfleck. Um die Geschlechter möglichst früh zu erkennen, kann man sich die Afterflossenbereiche mit einer Lupe ansehen: So sieht man leichter die Trübung und beginnende Flossenverdickung der Männchen und den entstehenden Trächtigkeitsfleck der Weibchen.

Foto: Burkhard Kahl

Kurz vor der Kopulation nähert sich das Männchen dem Weibchen von hinten unten.

In Paarungsstimmung bringen

Bevor die Männchen beim Weibchen zum Zuge kommen können, müssen sie seine Aufmerksamkeit erregen und es in Paarungsstimmung bringen. Dazu dienen, wie Wissenschaftler nachgewiesen haben, unter anderem die Farben des Guppymännchens. Aber es führt auch eine Abfolge von Schwimmbewegungen durch, die als Balz bezeichnet wird.

Fast immer ist die Balz gut zu beobachten. Typischerweise läuft sie so ab: Die Männchen schwimmen hinter dem Weibchen her, überholen es und stellen sich mit zusammengelegten Flossen s-förmig einige Zentimeter vor das Weibchen. Dabei zeigen sie ihre schönsten Farben. Gerade die dunklen Töne wie Schwarz oder Blau werden nun kräftiger.

In einer weiteren Phase stellt sich das Männchen dicht vor das Weibchen und zittert vor ihm mit gespreizten Flossen. Nun ist es schon näher. Dann schwimmt es dem Weibchen hinterher, taucht regelrecht unter ihm durch und versucht die Begattung, die übrigens keineswegs immer gelingt. Besonders eifrig balzen die Männchen um Weibchen, die gerade geboren haben, denn bei der Geburt werden vom Weibchen spezielle Hormone, sogenannte Pheromone, ausgeschieden, die auf Männchen besonders anziehend wirken.

Weil die Balz manchmal sehr heftig sein kann, sollte man keinen größeren Männchenüberschuss im Aquarium haben. Wer Befürchtungen hat, zu viele Jungfische zu bekommen (in größeren Becken können das auch Skalare und andere zwar räuberische, aber gegenüber den erwachsenen Guppys friedliche Fische, regulieren), kann auch eine Männchen-Wohngemeinschaft einrichten.

Wachstum und Höchstalter

Nach der Befruchtung im Ovar des Weibchens wachsen die Jungen etwa vier Wochen heran. Die Jungen werden manchmal in kurzen Abständen geboren, es kann aber auch länger dauern, besonders, wenn das Weibchen gestört wird, in seltenen Fällen mehrere Tage.

Das Wachstum der jungen Guppys kann sehr unterschiedlich sein. Wildguppys erreichen nach etwa vier bis fünf Monaten ihre Endgröße. Bei den Aquarienvarianten, wir sprechen hier von Hochzuchtguppys, wachsen die Großflosser wie Triangel meist schneller und können nach gut vier Monaten bereits erwachsen sein, während Kurz- und Schwertflosser dazu bis zu sechs Monate brauchen.

Guppys gehören zu den Fischen, die nicht besonders alt werden. Zwei Jahre sind normal, in Ausnahmefällen mehr als drei Jahre. In der Natur werden wohl die wenigsten Guppys so alt werden. Damit Guppys aber ihr maximales Alter erreichen, brauchen sie natürlich optimale Bedingungen.

Alterserscheinungen bei Weibchen sind ausbleibende Würfe. Oft werden die Fische leicht krumm, sie schwimmen langsam und halten sich meist alleine auf. Das darf natürlich nicht mit Krankheitsanzeichen verwechselt werden. Wenn der Fisch aber schaukelt, die Flossen klemmt und sich absondert, ist er krank und nicht altersschwach und muss behandelt werden.

Ein uraltes Weibchen mit deswegen bereits deutlich krummem Rücken.

Nicht immer ist es leicht, zu den verschiedenen bunten Männchen die passenden Weibchen zu erwerben.

Von Doppelschwertern und Großflossern

Im Lauf der Jahrzehnte haben Hobbyzüchter unzählige Farbvarianten und Formen aus den Wildguppys herausgekitzelt

Bei der Zucht von Guppys unterscheidet man zwischen der einfachen Vermehrung und der sogenannten Hochzucht. Bei den Wildformen geht es immer nur um Vermehrung. Hier will man das natürliche Erscheinungsbild möglichst erhalten, auch in seiner gesamten Bandbreite.

Bei der Hochzucht dagegen setzt man sich ein Zuchtziel, das von der Naturform abweicht. Das fängt bei der Auslese an, etwa bei den Endlerguppy-Zuchtformen „Gelbes Obenschwert (Yellow Topsword)“ und „Pfau (Peacock)“. Ein nächster Schritt ist dann die Kombination von Merkmalen, etwa das Kreuzen eines Endlerguppys mit einem Hochzuchtguppy, um dessen Merkmale auf dem Endlerguppytyp zu sehen.

▲ Scarlet-Endlerguppys haben die zweite Guppyart sehr populär gemacht.

Die überwiegende Mehrzahl der Guppyhochzüchter beschäftigt sich aber mit Guppys, deren Merkmale deutlich von denen der Naturformen abweichen und die auf Mutationen (sprunghaften Veränderungen der Gene) basieren. Eine der bekanntesten Mutationen ist der Wegfall der meisten Farben, der Albinismus. Albinotische Fische erkennt man an den roten Augen, auf dem Körper können sie noch Farben tragen.

Hochzucht und die Zuchtformen

Um Guppys gezielt zu züchten, braucht man in der Regel viele Aquarien. Mit ein oder zwei ist es, von der Schwarmzucht abgesehen, nicht getan. Züchter, die Guppys für Ausstellungen züchten, haben oft 30, 50 oder sogar mehr Becken. Allerdings haben diese alle eine überschaubare Größe.

Als Zuchtform gilt alles, was so in der Natur nicht oder nicht rein vorkommt. Vom Oropuche-Guppy gibt es noch keine Zuchtformen, vom normalen Guppy

Blue- und Red-Grass sind nur zwei von unüberschaubar vielen Triangelguppys. ▶

1 Bei diesem Tier liegt eine wunderschöne Filigranzeichnung über der wildgrauen Grundfarbe.

2 Albinos sind eine züchterisch schwierige rezessive Grundform.

3 Eine der 19 Deckfarben des Guppys ist der Wiener Smaragd.

4 Der Schleierschwanz ist eine schwierige und seltene Zuchtform.

seit über 50 Jahren einen Standard. Darin wird festgeschrieben, wie die Schwanzflossenformen idealerweise aussehen sollen. Der Internationale Hochzucht-Standard (IHS) wird alle drei Jahre an mögliche Veränderungen von Flossenformen und Farben angepasst. Seit einigen Jahren wird auch für Endlerguppys ein Standard aufgestellt.

Für die Bewertung von Guppys zählt neben der Flossenform die Farbe. Zwar gibt es auch Züchter, die sich mit den eher dezent gefärbten Guppys beschäftigen, die Mehrzahl liebt aber die plakativen Farben. In der Guppyhochzucht unterscheidet man derzeit zwölf verschiedene Flossenformen in drei verschiedenen Formenkreisen: Groß-, Schwert- und Kurzflosser. Bei den Flossen kommt es nicht alleine auf die Ausprägung der Schwanzflosse an, wie oft angenommen wird, sondern auf die richtige Kombination von Rücken- und Schwanzflosse, zusammen mit der angepassten Größe. Der Triangelschwanz, ein Großflosser, ist der häufigste und beliebteste Guppy und weist die flächenmäßig größte Schwanzflosse auf.

Unerwünschte Zuchtformen

Bei den europäischen Guppyzüchtern hat sich schon lange die Idee durchgesetzt, dass die Guppys kräftig und gesund sein müssen und ihre Schwanzflossen gut tragen sollen. Es gibt auch Zuchtformen mit verlängerten Flossenstrahlen, die zum Beispiel als Gießener, Berliner oder „Swallow“-Guppy bezeichnet werden. Hier haben die Männchen durchweg ein verlängertes Gonopodium. Gezüchtet werden diese Fische mit einem normalen Männchen und einem langflossigen Weibchen, denn Langflossigkeit vererbt sich dominant. Deswegen sind bei dieser Kreuzung – statistisch – 50 % der Nachkommen wieder langflossig.

Die europäischen Guppyzüchter lehnen diese Zuchtformen aber als unerwünscht ab. Auf Ausstellungen werden sie nicht bewertet, auch wenn sie in seltenen Fällen zu sehen sind (meist von Ausstellern aus Japan, die gelegentlich in Europa teilnehmen). Sicher mag es den einen oder anderen Liebhaber dieser Guppys geben, im Geschäft wie auch im Privathandel wird man sie kaum antreffen.

Die beliebteste Form des Guppys ist der Triangelschwanz – in allen Farben.

Erwerb von Hochtzuchtguppys

Hochzuchtguppys von guter Qualität – also gesunde, kräftige Tiere, die dem Standard schon einigermaßen nahe kommen – werden nicht sehr häufig im Handel angeboten. Auch wenn hier manchmal wirklich schöne Männchen zu sehen sind, ist es sehr schwierig (Ausnahmen sind etwa blonde rote Guppys, da hier die Zusammengehörigkeit ins Auge springt), die passenden Weibchen zu finden. Denn bereits die Großhändler können nur in Ausnahmefällen zu den Männchen passende Weibchen bestellen.

In der Regel steht auf der Bestellliste zwar die genaue Farb- und Flossenbezeichnung des Männchens, bei den Weibchen aber meist nur „Triangelweibchen" oder Ähnliches, ohne weitere Spezifikation. So ist es Glückssache, etwas Passendes zu bekommen. Da muss man dann schon mal etwas ähnlich Aussehendes zusammensetzen und zwei Würfe abwarten, bis halbwegs das gewünschte Ergebnis, die dem Vater gleichenden Nachzuchtmännchen, herauskommt. Wesentlich einfacher wird es, wenn man gleich mit zueinander passenden Männchen und Weibchen beginnt.

Und Glück kann man dann haben, wenn ein Guppyzüchter den Händler direkt beliefert. Zwar geben diese Züchter nicht ihre erste Wahl an den Handel ab. Die brauchen sie für die eigene Zucht und Ausstellungen. Aber selbst die zweite Wahl ist oft ge-

1 Auch Doppelschwertguppys sind eine beliebte Zuchtform.

3 Beim Untenschwertguppy soll das Schwert in einem Winkel 15° nach unten laufen.

2 Bei der Zuchtform Obenschwert darf das Schwert parallel zum Körper stehen oder 15° nach oben.

4 Als schwierige Zuchtform gilt der Leierschwanzguppy.